森羅 万象

all things in the universe

我々はどこから来て、どこへ行くのか

福岡伸一

Shin-Ichi Fukuoka

扶桑社

※本書は、ＶＪＡグループ発行の情報誌『ＶＩＳＡ』に連載中の「福岡伸一の森羅万象 ミステリー・オブ・ライフ」（２０２０年５月号〜２０２３年９＋10月号）に「はじめに」を加えて、加筆・修正し、書籍化したものです。

はじめに

ため息をつきながら人生に倦《う》んだり、何かが煮詰まって滞るようなことがあるときは、人間以外の生き物のあり方に思いを馳せてみる。蝶も、ハチも、鳥も、猫も過去をひきずったり、未来をはかなんだりしてはいない。賃貸か持ち家かに悩んだり、老後を心配したりもない。AIに仕事を奪われるのではないかと恐れることもない。そもそも人間のようにあくせく仕事をしていない。初めからお金なんてないから。ただただ、ありのままに生き、時が来れば死ぬ。彼ら彼女らに仕事があるとすれば、それは唯一、いのちを次の世代につなぐことだけである。

そのかわり厳しい自然の掟がある。産み落とされた何万個もの卵の大半は、ほかの生き物の餌食となるか、海流に翻弄されるまま消え去る。ようやく卵から孵《かえ》っても、少しでも群れに後れをとればたちまち喰われてしまう。運良く生き残ったわずかな個体だけが必死に流れを遡《さかのぼ》り、ようやく子孫を生む。それが終わるとたちまち息が絶える。

細胞にしろ、DNAにしろ、いのちの仕組みの基本はほかの生物と同じであるにもかかわらず、人間だけは自然の掟に従っていない。

自然の掟とは、端的に言えば、産めよ、増やせよ、地に満ちよ、である。種の保存、と言い換えてもよい。種の保存、という大目的の前では、個々の生物は種を存続するための手段でしかない。

この厳然たる掟に対し、人間だけが反旗を翻した。種の保存よりも、個の生命のほうが大切だ。個が尊重され、個の幸せに価値がある。個は必ずしも種の保存のために働かなくてもよい。あるいは、種の保存に寄与できなくてもいい。個は遺伝子の命令から自由に生きていい。そこに罪も罰もない。そのことを発見したのが人間という生物なのである。

どうしてこんなことが発見できたのか。人間だけが高度な知性を持ち得たからである。そして、知性の本体が言語だからである。言語とはコミュニケーションの道具であると同時に、世界を概念化する最強の道具である。言語をロゴス(論理)と言い換えてもよい。ロゴスが、遺伝子の命令、種の保存、そして個の自由、ひいては基本的人権、といった名前を作り出し、これを概念化した。その瞬間、目に見えなかった自然の掟は相対化された。ありのままの自然、混沌としての自然のことは、ピュシスと呼ばれる。このピュシスは、ロゴスによって分断・分類され、支配されるようになった。そのとき以来、人間は、ほかの生物と袂《たもと》を分かち、特別な生物たり得るようになった。

文明、文化、都市、社会、経済、制度……今日、私たちを取り囲んでいるものは、すべては人間のロゴスの産物である。過去に拘泥《こうでい》するのも、未来に不安を持つのも、言語が、過去と未来という概念を作ったからである。賃貸か持ち家かに悩むのも、老後を心配するのも、言語のせいである。ＡＩは究極の言語装置である。言語の力で自由になれたはずの人間は、機械が自動生成する言葉によって自由を奪われようとしている。

それだけではない。本来、個々の生命体（個体）と種のあいだには何もなかった。私たち人間はひとりひとり、すべてホモ・サピエンスという単一の種に属しているはずだった。ところがロゴスが、個と種のあいだに人工的なサブグループの概念を作り出してしまった。民族、人種、宗教、国家などである。

ロゴスは、基本的人権を打ち立て、生物としての人間を自然の掟から自由にしてくれた。そのかわり、人間はロゴスによって自分自身を縛ることにもなってしまった。幸福でありつつ、不幸でもある存在、自由を謳歌《おうか》しつつ、不自由極まりない生物、ロゴスとピュシスのあいだを右往左往する旅人、それが人間なのである。

本書は、そんな特別な生物としての人間をめぐる森羅万象について、福岡ハカセがあれこれ眺めてみたエッセイ集である。そうそう、もう一つ人間の知性がなし得る高度な営みがある。それは笑うこと。人生に倦んだり、何かに煮詰まったりしても、それを笑いに変えることができれば、昇華することができる。このエッセイがそんな笑いのヒントになれば著者として幸いである。

Chapter 1

〝いのち〟とは何か?

～「動的平衡《どうてきへいこう》」でみる生命の流転《るてん》～

Chapter 2

人間の知らない〝生物の美しき多様性〟

Chapter 3

DNA研究は新たなステージへ
〜人類の起源を巡る旅〜

Chapter 4 フクオカ少年と未知の世界への扉

Chapter 1

“いのち”とは何か？

～「動的平衡《どうてきへいこう》」でみる生命の流転《るてん》～

いのちって なんですか？

「いのちってなんですか？」

こんな質問をズバリ問われると、私たち専門家は内心かなりたじろぐ。というのも、専門家は、細かな研究をしているので、細かな質問、—たとえば「ミトコンドリアとはなんですか」とか、「酵素とはなんですか」とか—、には答えなれているが、大きな、本質的な質問には答えなれていないからである。

細胞分裂の研究でノーベル賞を受賞したポール・ナースの近著『WHAT IS LIFE？（ホワット・イズ・ライフ？）生命とは何か』によれば、イギリスの学校では、いのちとは、「ミセス・グレン」（MRS. GREN）だよ、と教わるという。それは、いのちが示す特徴、すなわち、運動（Movement）、呼吸（Respiration）、感覚（Sensitivity）、成長（Growth）、生殖（Reproduction）、排泄（Excretion）、栄養摂取（Nutrition）の頭文字を並べたもの。

確かにそれはそのとおりだが、なんとなく隔靴《かっか》掻痒《そうよう》な感じがする。これもまた専門家（あるいは教える側）が陥りやすい癖なのだが、問いに深く切り込むことから逃げ、特徴を列記することで問いに答えたことにしているからだ。

ナースも、〈生物の「行為」をすっきり要約しているが、生命とは「何か」について、満足のゆく説明にはなっていない〉としている。

もう一つ、私が質問されてすぐにうまく答えることができなかった問いは「生物はなぜ死ぬのですか」というものだった。これも大きな、本質的な問いである。専門家はこんな質問にもまた、ずるい答え方を準備している。それは「生物が死なないと、地球上に生物がいっぱいあふれて困るからです」という風な、問いをずらした答え方である。

年長者、特に私のような先生業をしている者は、子どもや若者から問われると、なんとか答えよう、説明しようとしてしまうものだが、すぐに答えを提示しないほうが本当の意味で教育的なのかもしれない。むしろ「それは本質的な質問だね。私にもうまく答えられないから一緒に考えてみよう」とか、「うーん、難しい問いだね。よい答えが見つかったらぜひ教えてほしい」という風に、自分で考えることを促したほうがいい。

ちなみに「生命とは何か？」という問いに、ナース自身は、「進化する能力を有するもの、境界をもつもの、化学的、物理的、情報的な機械であるもの」と答えている。ミセス・グレンよりは先に進んでいるが、やはり特徴の列記から抜け出せていないのではないか。

私の答えはこうである。秩序あるものは秩序が壊れる方向にしか進まない。これが宇宙の大原則、エントロピー増大の法則だ。生命もこの法則から逃れることはできない。だから生物は必ず死ぬ。

しかし、生物はただ座しているわけではなく、必死に抵抗を試みている。自らを絶えず壊しつつ、作り直すことを繰り返し、法則にあらがう。なんとか坂道を登り返そうとしている。いのちとは、この健気《けなげ》な努力のこと、つまり〝動《どう》的平衡《てきへいこう》〟である、というのが私の回答である。

生命は〝時計〟

私の生命論のキーワードは「動的平衡」である。生命とは何か？　と問われれば、それは動的平衡、と答えたい。動的平衡とは、分解と合成の絶え間のない流転《るてん》である。

私たち生命体の基本的な構成ユニットは、炭素（カーボン）の骨格である。タンパク質も、炭水化物も、脂質も、みな炭素を基本として組み立てられている。炭素は、常に環境から取り込まれ、かつ環境に放出されている。炭素は、食物として取り込まれ、私たちの身体の一部となるが、それはほんの一瞬である。炭素を含むアミノ酸や糖は最後は燃やされて、燃えかすの二酸化炭素は呼気として環境に戻る。あるいは代謝物として排泄される。排泄物もまた微生物の作用で環境の循環に戻る。

だから、今日の私は、もう昨日の私ではない。炭素が交換され、作り変えられる。物質的には別の存在となる。1年も経てば、昨年、私を形作っていた物質はほとんどが入れ替わっているといっても過言ではない。私たちは別人に変化しているのだ。だから、久しぶりに会う人に「お変わりありませんね」と挨拶するのは生物学的に間違っている。「すっかりお変わりありまくりですね」が正解となる。

　これを別の視点から見ると、私という存在は、環境と密接に連結していることになる。私の身体の中で起きている〝合成と分解の動的平衡〟は、そのままダイレクトに、地球環境全体の動的平衡と繫がっている。

　さて、この事実から、極めて興味深い論理が導き出されることになる。生命体は、そのまま〝時計〟になることができる、という論理だ。

　私たち生命体と環境との間を循環している炭素は、原子記号で書くと、^{12}Cと表記される。環境中に存在する炭素のほとんどが、この^{12}Cなのだが、およそ1兆個に1つの割合で、^{14}Cが存在する。^{14}Cは、炭素の「放射性同位体（放射線を出して壊れ、ほかの原子に変わるもの）」と呼ばれる。^{14}Cは、不安定な存在で、一定の確率でその原子核が崩壊していく。しかしそのプロセスは極めてゆっくりとしたものである。

　たとえば、いま、１００粒の^{14}Cが存在すると、このうち半分の50粒の^{14}Cが、崩壊するには、約5，700年が掛かる。これを「放射性同位体の半減期」という。これが〃時計〃になる。

生きているとき、生命体は、常に動的平衡状態にある。環境から、絶えず^{14}Cが供給され、また排出される。その濃度は、環境の濃度と同一になる。

ところがもし生命体が死ねば、動的平衡はストップする。環境との連結が閉じ、供給と排出が止まる。すると内部にある炭素原子は、死の瞬間のまま固定されることになる。その時点で含まれていた^{14}Cは、崩壊に身を任せていくだけとなる。

^{14}C崩壊の程度は、最新の分析機器を使えば鋭敏に測定できる。生命の痕跡、たとえば、土器片に含まれる花粉の1粒、木炭のひとかけらさえあればいい。100粒あったはずの^{14}Cが、50個に減っていれば、その土器片は、5，700年前のものだと推定できる。生命は生きているときはもちろん、死んだ後でさえも時間を刻むのである。

生命は左利き

生物を構成する重要物質の1つがアミノ酸である。アミノ酸が連結してタンパク質となる。タンパク質は、酵素として生体反応を動かし、筋肉として運動をつかさどり、抗体として病原体と戦う。

アミノ酸は化学的にいうと、1つの炭素原子から4本の腕が伸び、その腕にそれぞれ固有の物質が結合したもの。炭素原子を白いだんご、腕を4本の竹串に見立てて、竹串の先に、それぞれ赤、青、黄色のだんごがくっついていると思ってほしい。竹串は立体的に4方向に広がっているので、ちょうど岸壁におかれている消波ブロックのような構造を想像してくださるとありがたい。

さて、赤、青、黄色のだんごのくっつき方のパターンを考えてみると、実はふたとおりしかない。化学的な組成は同一なのだが、立体配置が違うのだ。この2つはちょうど鏡に相手を映しあった関係にある。これを専門用語で「D体（右手型）アミノ酸」「L体（左手型）アミノ酸」と呼ぶ。いま、試験管の中で、炭素原子（白いだんご）に、4つの物質（赤、青、黄色のだんご）を混ぜてアミノ酸を人工合成すると、D体とL体は、それぞれ50％ずつできる。これは純粋に確率の問題である。

ここからが本題なのだが、不思議なことに、私たち生物の身体を構成しているアミノ酸は、ほぼすべてがＬ体なのである。タンパク質も、Ｌ体のアミノ酸だけが連結してできている。

代表的なアミノ酸の一つにグルタミン酸がある。工業的にアミノ酸を合成すると、Ｌ体のグルタミン酸とＤ体のグルタミン酸が半々生成する。けれどもこのうち舌の上にのせると〝うま味〟を感じるのは、Ｌ体のみ。Ｄ体は砂みたいな無味でしかない。

なぜかというと、うま味を感じる味覚レセプターもまたＬ体アミノ酸からなるタンパク質でできているから。うま味を感知するレセプターのポケットの部分にすっぽりはまり込めるのは、Ｌ体グルタミン酸だけなのである。つまり、生命は左利き、だといってよい。

そして、生物学最大の謎の一つが、なぜ左利きなのか、なのだ。それは、今から約38億年前、生命が地球上に誕生したとき、最初の生命体がＬ体を選んだからに違いないのだが、その理由が謎なのである。

ひょっとするとその謎が近々解けるかもしれない。地球と火星のあいだに散らばる小惑星の一つ「リュウグウ」の砂を、小惑星探査機「はやぶさ2」が持ち帰り、その分析がいままさに進められているからである。

太陽系ができたとき、有機物のかけらがあたりに散らばった。その痕跡が小惑星である。地球が冷えたあと、宇宙に漂っていた有機物が地球に降り注ぎ、それが生命の種になったのかもしれない。もしリュウグウの砂の中から、アミノ酸（もしくはその原料）が見つかり、L体が多かったとしたら。生命の起源をめぐる秘密の扉が開こうとしている。

リュウグウの砂

2022年の科学ニュースの中で私がもっとも注目していることといえば、それはなんといっても「はやぶさ2」がもたらした大発見である。

はやぶさ2は、JAXAが開発した無人の小惑星探査機。地球と火星のあいだで帯状に広がる小惑星群の1つ「リュウグウ」から、砂を持ち帰った。このほどサンプルの分析結果が発表された。それは驚くべき内容だった。

そこには大量の水と、生命を形作る根幹物質であるアミノ酸が存在していることがわかったのだ。アミノ酸は、タンパク質の構成単位であり、タンパク質は生命活動をつかさどる重要な物質。

それだけではない。検出されたアミノ酸は、1つや2つではなく、タンパク質に不可欠のアミノ酸20種のうち、11種もが含まれていた。なかには、フェニルアラニンやグルタミン酸など、かなり複雑な構造のアミノ酸までが見つかった。

フェニルアラニンは、ヒトにとっては必須アミノ酸の1つ。脳内で変換されて各種の神経伝達物質になる、重要なアミノ酸である。また、グルタミン酸は、タンパク質を構成する上でもっとも大量に使われるアミノ酸で、私たちは、グルタミン酸が含まれた食材を〝うまい〟と感じる。それはグルタミン酸が、タンパク質のありかを示す手掛かりとして、〝おいしい〟と感じることが進化上有利だったからにほかならない。

38億年前、地球に最初の生命体が誕生した。それはすでに細胞の形をしており、タンパク質を持っていた。そんな複雑な材料はどのようにしてできたのか。生命の起源は生物学最大の謎である。

原始太陽系は、星間物質が激しい離合集散を繰り返し誕生した。その過程で、ちりのように散らばった細かい岩石群があった。それらは、どの惑星にも飲み込まれることなく、太陽の周りを回りながらも、高熱や衝突に合うこともなく、水を含む一定の環境が保たれるものが残った。それが、今回のリュウグウのような小惑星なのである。つまり、リュウグウは、太陽系の初期の状態を温存している。

灼熱の地球が冷え、環境条件が整ったところで、小惑星において生成されたアミノ酸が降り注いで生命誕生が成立した。つまり生命の〝種〟は宇宙からやってきた。こんな仮説が本当である可能性がぐんと高まったのである。

さらに好奇心はつのる。それは、本章の「生命は左利き」（P18～21）でも触れたことがある問題で、アミノ酸には、組成は同じながら、立体構造が互いに反転した左手型と右手型がある。なぜか生物はほとんどすべて左手型のアミノ酸だけを利用している。左手型のアミノ酸にしか生理効果がない。たとえば左手型のグルタミン酸だけがうま味を呈する。

リュウグウの砂から発見されたアミノ酸は、はたして左手型なのか右手型なのか。もし、それが左手型なら、生命の起源が小惑星に由来するという説はほぼ確実なものになる。同時に、なぜ左手型のみが宇宙空間で形成されたのか、という新たな問いが立ち上がることになる。研究の進展が待たれる。

ヒト、その心臓の不思議

アメリカの中学生の理科の授業を見学させてもらったことがあるのだが、素晴らしかった。解剖実習を通して、心臓の仕組みを理解するというもの。使用するのはヒツジの心臓で、教材用として市販されている。

ヒツジの心臓は大きさも仕組みもヒトとほぼ同じ。生徒たちは、おそるおそるメスを入れて解剖を試みるのだが、心臓が厚く硬い筋肉でできていることに驚き、簡単には切れないことに苦労する。

心臓は文字どおりハート形をしており、内部は4つの部屋に分かれている。全身を巡ってきた血液は、まず右心房に入り、ついで右心室に送り込まれる。心室の筋肉のほうが分厚く、強力に収縮して血液を送り出す。右心室から出た血液は、肺動脈をへて肺に達する。

肺で血液は酸素を受け取り、二酸化炭素を放出する。そして肺から肺静脈を通り、左心房に戻る。これが身体の中で一番酸素が豊富で、新鮮な赤い血液である（二酸化炭素の多い血液は赤黒い）。そこから左心室に入ると、力強い鼓動により大動脈から全身に送り出される。

生徒たちはいかにも強力な左心室の壁や、太い大動脈を触って、血液の流れを想像する。そして、たったいま、自分の身体の中心でも心臓が脈打っていることを実感する。

さて、講義のほうもなかなかふるっている。「おなかにいる赤ちゃんの心臓のことを考えてみよう」というのだ。

胎児の心臓も拍動しているが、酸素と栄養はすべてお母さんから供給されている。胎盤とへその緒を通じて赤ちゃんの血管に入り、二酸化炭素と老廃物は胎盤を経てまたお母さんの血液に戻される。だから胎児の心臓は、受け取った血液を送るだけでよい。

胎児は羊水の中にいて、肺はまだ機能していない。だから肺に血液を送る必要がない。肺は小さく折りたたまれているので、むしろ血液を送らないほうがよい。では、どうなっているのか。

そこには実に精妙な仕掛けがある。赤ちゃんの心臓にはバイパス経路があるのだ。全身から戻ってきた血液は、右心房に入ると孔を抜けて直接左心房に送られ、そのまま左心室から大動脈に送り出される。つまり、肺を経由しない抜け道である。この孔は「卵円孔《らんえんこう》」という。

赤ちゃんは生まれると「おぎゃーおぎゃー」と元気な産声を上げる。これで肺呼吸がスイッチオンとなる。赤ちゃんは産声とともに、空気を肺いっぱいに吸い込む。そのとき、またまた実に精妙なことが起きる。大動脈と肺動脈のあいだを結ぶ「動脈管」と呼ばれる血管が急速に閉じ、卵円孔はゆっくりと閉鎖する。バイパス経路がなくなることで、血液が右心室から肺に送られるようになる。同時に胎盤につながっていた血液経路も閉じる。

こうして赤ちゃんは自分自身の血液循環を完成するのだ。生命の不思議とはこういうことをいうのである。実習を通してそれを体験できるアメリカの生徒たちは幸いである。日本の生徒たちはどの程度実験実習をしているのか、今度、調査してみることにしたい。

生命は
利己的ではなく
利他的

弱肉強食、優勝劣敗、適者生存……。「生命の進化」と聞くと、生き物たちは絶えず壮絶な生存のための闘争を繰り返してきたかのように思える。

確かに、小さなカエルがヘビにひと飲みにされ、樹液が出るえさ場でカブトムシが小さな虫を投げ飛ばして蜜を占有し、多くの場所ではメスをめぐる闘いや激しいなわばり争いが繰り広げられている。

生命の歴史に生存競争はつきものだった。しかし、よく観察してみると、それらはいずれも一過性の、抑制の効いた〝せめぎあい〟である。

投げ飛ばされた虫は、また違う時間帯に蜜にありつくし、あぶれたオスも別の場所でメスを見つける。なわばり争いにしても相手を徹底的に追い詰めてとどめを刺すことはない。

〝食う・食われる〟の関係も、一見、支配・被支配関係に見えるけれど、実は相互依存システムである。互いに個体数が増え過ぎないよう調整が働き、同じ環境で共存するための自然の知恵なのである。

かつて、生命は常に自分が増えることだけが目的だとする「利己的遺伝子論」が流行した。しかし私は、生命は本来利他的であると考えている。生命が利他的にふるまったとき、大きな進化のジャンプが起きる。

その端的な例は、ミトコンドリアだ。ほとんどすべての細胞の内部に存在している小器官だが、研究によりミトコンドリアが細胞にエネルギーを供給する、〝発電所〟の役割を果たしていることがわかった。

こんな精妙な仕組みがどうして出現したのか。それは、太古の時代に細胞と細胞との間で利他的な協力関係が起きたからである。

身体の大きな細胞は、周りにいる小さな細胞を食べて生活していた。いったん細胞内に取り込まれると、小さな細胞は分解されて栄養素になってしまうが、あるとき大きな細胞は小さな細胞を分解せず、細胞内に温存することにした。

小さな細胞は代謝が活発で、エネルギーを作り出すことにかけてはピカイチだったから、どんどんエネルギーを作って大きな細胞に供給した。小さな細胞は、大きな細胞の内部という安全な環境を得て、そこでぬくぬくと暮らし、増殖さえできるようになった。

現在、私たちの細胞には数百種類ものミトコンドリアが共存し、細胞の代謝を維持してくれているが、そのおおもとは利他性にある。光合成細菌が、大きな細胞に利他的に取り込まれたのが葉緑体の起源であり、のちの植物のオリジンである。進化の大ジャンプである。

2025年に大阪で開催される日本国際博覧会で、私は「いのち動的平衡館」の建設を任されている。そこでも〝生命の利他性〟をテーマにすえた。

人間は利己的にふるまって、必要以上に富をため込み、それを守るために他国と対立し、戦争したりして愚かな闘争を繰り返している。もう一度、生命の基本である利他性に立ち返るべきだと思う。

生成ＡＩ vs 人間

学期末、学生たちが提出したレポートを採点する。私が出した課題は「生命とは何か。科学史を振り返りながら論じなさい」というもの。常々、教室ではこんな風に指導している。

「高校までの勉強は知識の暗記が中心だったと思うけど、大学では知識の成り立ち、つまり時間軸で学ぶ。そうすれば勉強がぜん面白くなるはずだよ」

これはどんな分野にもいえる。時代背景から知っていくと、無味乾燥な公式や用語もカラフルに見えてくる。生物学もそう。

「DNAは遺伝物質」「ミトコンドリアは細胞内の呼吸反応を司る小器官」と教科書には羅列されている。しかし、実はその一行一行に、科学者たちの誤認や錯覚、論争や競争が込められているのだ。

学生のレポートをめくりながら、ふと手が止まった。見事な答案があったからだ。

「細胞内の遺伝物質の正体については長い間論争があった。ロックフェラー大学のエイブリーは、たび重なる実験の結果、それがDNAであることを突き止めた。

しかし、当時の学会の常識とはかけ離れた彼の発見に、同僚ですらもとまどった。エイブリーの発見の10年後、若き学徒ワトソンとクリックは、ＤＮＡが二重らせん構造であることを発表し、センセーションを巻き起こす。

しかし、その栄誉には暗い秘密があった。彼らは女性科学者フランクリンの実験データを盗み見ていたのだ。ワトソンとクリックは後にノーベル賞に輝いたが、受賞の場にエイブリーとフランクリンの姿はなかった……」

なかなか素晴らしい！　私の意図を正確に受け止めて、発見の光と影を生き生きと論述している。しかし……。次の瞬間、黒い雲が青空を覆うような感覚になった。

これってもしかして、「ChatGPTのような生成ＡＩが作り出したものではないか!?

いま世界的に話題になっている生成ＡＩ。これまでは検索エンジンで検索し、ヒットしたページからコピー＆ペーストしてレポートを作ったとしても、それを見破るためのソフトが存在した。

ところが、最新の生成ＡＩは、文章で問い掛けると、まるで人間が書いたような、ごく自然な文章で回答する。質問を工夫すれば、より込み入った文章も生成できる。ＡＩが膨大な文字情報から情報を収集し、意味の繋がりから文章を再構成する、「大規模言語モデル」と呼ばれる機能が格段に進化した結果だ。

困ったことに先生の側は、学生本人が書いたのか、生成ＡＩの文章なのか全く区別がつかない。だからといって、〝新しいＩＴ革命〟ともいわれる生成ＡＩを禁じることは時代に逆行してしまう。

そこで私は、ＡＩの使用に条件付きで許可を出した。ＡＩの回答を吟味し、もし間違いがあれば修正すること。そして、ＡＩの回答にない新しい独自視点を必ず加味することを求めた。

生成ＡＩの登場は、「人間にしかできないことは何か」を改めて考えさせる、鋭い問い掛けである。我々はＡＩに使われるのではなく、使いこなさなければならない。

Chapter

2

人間の知らない“生物の美しき多様性”

蝶、その美しき〝メタモルフォーゼ《完全変態》〟

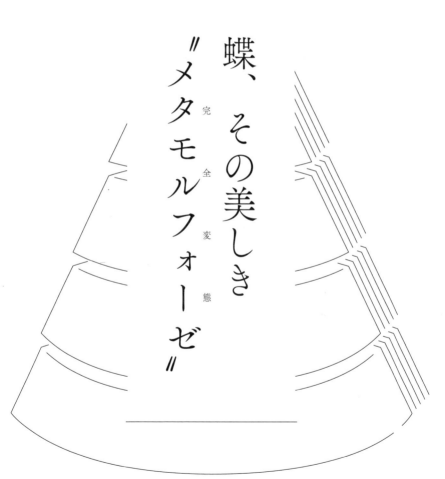

また蝶が空を舞う季節がやってきた。都会にいてもちょっとした垣根にミカンやサンショウがあれば、アゲハチョウがやってくるし、クスノキの並木があればアオスジアゲハが忙しく飛び回っているのを見ることができる。

昆虫少年だった私はいまでも、窓の外を蝶が横切るとハッとしてそれを目で追ってしまうので、会議中などしばしば失礼なことが起きてしまう。

子どもの頃の夏休みの自由研究は決まってアゲハチョウの観察記録だった。小学校の低学年では、卵から幼虫が生まれ、その幼虫が脱皮しながら色が変わり、やがて蛹《さなぎ》となって、ついには蝶が飛び出してくる様子を絵日記にした観察記録を取っただけだったが、学年が長じると、ただの観察ではなく、凝った照明で写真を撮ったり、食べる葉っぱの量を計測したり、時期によって蛹の日数が違うことなど、細かい点を比較したり研究するようになった。

いろいろな失敗も経験した。蝶の幼虫は十分葉っぱを食べて終齢幼虫に達すると蛹になるのだが、だいたいの場合、食べていた葉っぱを離れて、安全な場所を探して蛹になる。つまり大きなイモムシがウロウロする。なので、ダンボールに網を張って、その中に蛹になるための割り箸を立てたりして、場所を設えるのだが、それでも気に入らずにどこかに行方不明になってしまうことがある。

そんなときは大騒ぎして家中を探すことになるのだが、どこにもいない。挙句の果て、気がつくとざぶとんの下で潰れていて、大泣き、なんてこともあった。いまにして思えば、母は内心、部屋が汚れるなあ、気持ち悪いなあ、と感じていたはずだが、「やめなさい」とか「捨ててきなさい」とはいわなかった。そんな母ももう随分前に亡くなった。

一番劇的なのは蛹から蝶が出てくるところである。ある日、蛹の背が縦に割れて、そこからくしゃくしゃの蝶がまろび出てくる。脚や触角をせわしなく動かしながら、やがて美しい翅《はね》がすっと伸びてくる。完成である。蝶は二、三度、ゆっくり羽ばたく練習をしてから不意にふっと飛び立ち大空に舞い上がる。胸がきゅんとなる。

もし宇宙人が地球に飛来してきて、イモムシとアゲハチョウを同時に見たとしたら、きっと宇宙人はこれが同じ生物とはにわかには信じないことだろう。

だって、あまりにも形態が違いすぎるから。そこで私は学生に問題を出してみた。「宇宙人に事実を信じさせるにはどうすればよいか？」。ただし、宇宙人は1週間しか地球に滞在できず、イモムシが蛹になり蝶になるまで（通常3週間）見届けることができない。

《解答例その1》ステージが少しずつオーバーラップした幼虫と蛹を複数用意し、その一週間の変化を観察してもらって、幼虫↓蛹↓蝶という過程が、一連の変化プロセスだということを見せる。これなら小学生の自由研究でも可能。

《解答例その2》イモムシと蝶のDNAを解析して同一のゲノムであることを証明する。さすがにこれはちょっと味気ないですね。

自然が作り出す〝色のフシギ〟

自然界には、鮮やかすぎるほど鮮やかな色をしているのに、決して取り出してくることのできない色、というものがある。その代表例は、私が少年の頃からあこがれていたモルフォチョウ。

アマゾン奥地の密林の中を、メタリックに輝く青色がひらひらと優美に舞う。夢の中で、私は文字どおり、夢中に捕虫網を振り回してモルフォチョウを次々と捕獲する。捕まえたチョウの翅から、この輝ける青を取り出すのが目的だ。何十枚も集めた翅をすりつぶし、アルコールで抽出すれば、鮮やかな青が染み出してくるはずだ。

私は注意深く、石のすりこぎ棒で、細かく翅を砕いていく。するとどうだろう。あれほど青かった翅はすりつぶされるとたちまち煤のような黒い粉になってしまったではないか……。

実はこれ、夢の中のおとぎ話ではなく、実際に実験してみたとしても同じ結果となる。どんなにがんばっても、モルフォチョウの青い翅から青を取り出すことはできない。それは翅の青が、青い色素でできているのではなく、「構造色」という特殊な仕組みで発せられているからである。

顕微鏡でモルフォチョウの翅を見ると、小さく透明でミクロなガラスの破片が一定の角度と間隔で敷き詰められたような構造をしている。ここに光があたると、青い光だけが反射される。それが翅が青く見える理由である。青は物質ではなく現象なのである。

なので、モルフォチョウの翅の角度を少しだけ変えて見てみると、金属や鉱物のように色が微妙に変化する。「構造色」の反射角度が変わってくるからである。

実は、色素色と構造色とをあわせもった、欲張りな方法で着飾っている生物がいる。日本のニシキゴイである。

金や銀に輝く部分は鱗の構造色で成り立っている。一方、黒い部分は、人間のホクロと同じメラニンという色素でできている。そして鮮やかな赤の斑紋は、植物由来の色素からなる。

ニシキゴイは水中の藻類を食べる。その藻類に含まれる赤い色素が、コイの表面の特別な細胞に貯められて発色しているのだ。そのため、新潟県のような特産地では、ニシキゴイに特別な餌を与えて育てる「色揚げ池」まであるという。米が豊作の年は、コイの仕上がりも良いという。天候が良いと藻類の生育も良いからだろう。

それにしても人間が感じることのできる色、つまり可視光線の範囲はほんのわずかしかない。私たちが見える色は、すべて〝赤と紫のあいだ〟にある。

えっ、赤と紫のあいだって赤紫しかないでしょ、なんて思う人もいるかもしれないけれど、赤と紫のあいだには、オレンジ色、黄色、緑色、青色、藍色がある。いわゆる虹の七色だ。紫色の外側（紫外線）はもう見えないし、赤色の向こう側（赤外線）も見えない。

人間は「百聞は一見にしかず」なんていっているが、自然界全体で考えると、本当はごくごく狭いスリットを通して世界をかいま見ているにすぎない。

アリと キリギリス異聞

有名なイソップ童話『アリとキリギリス』を思い出していただきたい。夏のあいだ、アリは冬に備えてせっせと働いていたが、キリギリスは歌や音楽を楽しみ気ままに暮らしていた。やがて冬が来た。食べ物が見つからないキリギリスは、困り果ててアリに施しを乞う。しかし、頼みはすげなく断られ、キリギリスは飢えて死んでしまう……。

虫好きの私からすると、この物語、いかに寓話とはいえ、自然の実態からかけ離れ、あまりにも擬人化が過ぎると思う。キリギリスが草むらで鳴いているのは、遊んでいるわけではなく、パートナーを求めて必死のアピールをしているからである。そしてすべてのキリギリスは冬を前に生命が尽き、土に還る。アリに物乞いなどすることなく、淡々と自然の掟を受け入れている。

一方、アリのほうも自然のうちに生きている。働きアリの寿命はせいぜい2、3カ月。しかも吝嗇《りんしょく》に財を溜め込んでいるわけではなく、巣を維持するのに必要最低限の餌を集めているだけである。だから、アリを勤勉な者のたとえ、キリギリスを享楽者のたとえに使うのは、人間の勝手、まったく表層的な思い込みにすぎない。

さて、冬を前に姿を消したキリギリスたちは、また次の春、季節が巡ってくると姿を現す。いったいどこで、どのようにして生命を紡いでいるのだろう。夏の草むらで愛を交わしたキリギリスは、秋の終わり、卵を地中深くに産む。卵のまま、じっと冬を耐えるのだ。外が暖かくなると孵化して次の世代を担うのである。

ちなみに、キリギリスやバッタ、コオロギの仲間は、昆虫のなかでも「不完全変態」というタイプ。卵から産まれると、小さいながらも、もう立派な成虫の形をしており、以降、脱皮を繰り返しながら大きくなる。これに対して、蝶などは、卵、幼虫、蛹、成虫と、姿形も食べるものも、全然異なるステージをたどる。このタイプは「完全変態」と呼ばれる。アリもそうである。

冬の越し方もいろいろだ。キリギリスのように卵で冬越しするものもあれば、アゲハチョウのように蛹で冬越しするものもある。テントウムシは板塀のすきまなどに集団で固まって成虫として冬を越す。北米にいるオオカバマダラという蝶は、秋口に渡り鳥のように南に移動して、これまた集団で木にとまって冬を越す。アリも巣穴の中に卵、幼虫、蛹の部屋があり冬を耐える。

昆虫の進化史は長い。およそ4億年前には地球に存在し、さまざまな変化を遂げてきた。それゆえこのように実に多様性ある生活形態をもつ。鳥よりもずっと昔から空を飛べたし、高山や水の中にまで進出した。彼らに比べたら、ほんの20万年ほど前にやっと出現したホモ・サピエンスは、新参者にすぎない。そんな新入りから、やれ勤勉だ、やれ享楽だ、などと偉そうに言われるとは、まったくもって笑止千万、といったところであろう。

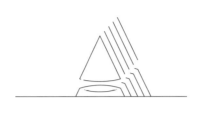

生き物の「持ち家派 vs 賃貸派」

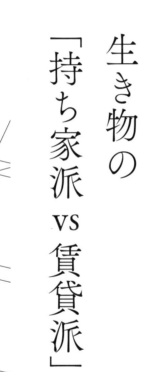

「持ち家派vs賃貸派論争」というものがある。同程度のお金を払うなら、家賃ではなくローンを組んで最後は自分の家になったほうがいいという人と、いや、人生いつ何が起きるかわからないし、好きな場所に住みたいからという人との議論のことである。今日はこの問題を〝生物学的に〟検討してみたい。

突然だが、みなさんはイカを調理したことがあるだろうか。イカの身体の中には、いわゆる〝イカの甲〟という平たくて硬い板状のものが入っている。一見、骨のように見えるのだが、イカは軟体動物であり、本来的に骨構造を持たない。ではいったいなにか、といえば、なんとあれは貝殻の名残なのである。

いまから1億年以上前、太古の海にアンモナイトという生物が生息していた。ぐるぐると螺旋模様を描く美しい化石を知っている人も多いはずだ。巻き貝のように思えるアンモナイト、実は貝ではなく、イカの祖先なのである。あのぐるぐるの殻の中にイカのような身体をしまって、海の中をスーイスーイと泳いでいた。魚がやってきて食べられそうになると、殻の中に身を隠して難を逃れた。

アンモナイトは死ぬと海底の砂地に沈んだが、柔らかい身体の部分はすぐに分解され、かくして硬い殻の部分だけが化石として残った。いろいろな場所からアンモナイトの化石が出土するから、太古の海のあらゆる場所で繁殖していたことがわかる。つまり種として成功を収めていた生物だったのである。

ところがアンモナイトは現存していない。絶滅の理由は定かではないが、こんなシナリオが想定できる。アンモナイトはその殻を維持するために、たくさんエサを食べなければならなかった。殻はカルシウムで作られる。身体が大きくなるにつれ殻も大きくしなければならない。エサは小さなエビやカニといった海洋生物だった。おそらく、急激な気候変動によるエサの激減が、絶滅の原因なのではないだろうか。つまり持ち家には大きな維持管理コストとリスクがかかるのである。

気候変動が起きるよりも少し前、あるアンモナイトの一派は、別の方向に進化の舵を切っていた。殻を小さくする、もしくはいっそのこと脱ぎ捨てること、つまり持ち家を諦める方向である。

殻を捨てればどこにでも素早く移動できるし、カルシウムもそれほど必要なくなる。敵に出合うと柔らかいので危ういが、殻を捨てた分、身軽になり狭い隙間に逃げ込むことができる。こうして現在のイカへの進化が達成された。イカの甲はその名残なのである。つまりイカにおいては、持ち家派ではなく賃貸派が生き延びたということになる。

とはいえ公平のためにいえば、持ち家派が全くダメということではない。気候変動を生き延びた別の一派は、エサが豊富な浅瀬などをニッチ（生態的地位）として、殻を維持する方向を選んだ。それが現在の多種多様な貝類である。アンモナイトに似たオウムガイもその道を進んだ。結局、自分の特性に適した環境を選ぶことが、自分の生き方のスタイルを貫ける、ということになる。

ヘビ逃走事件に思う

アミメニシキヘビ。ミナミジサイチョウ。過去、ニュースをにぎわせた聞きなれない動物たちの名称である。それもそのはず。いずれも国外原産種。ペットとして飼われていたものが、ちょっとしたスキをついて脱走、大掛かりな捕物帖の末、無事保護された事件だった。

アミメニシキヘビは、東南アジアの湿地帯に生息する世界最大のヘビの一つ（もう一つは南米アマゾンのアナコンダ）。逃げた個体も、体長3・5m、体重13kgという巨体。胴体に見事な網目模様が広がっているのでこの名がある。

は虫類は、鳥やほ乳動物を襲って食べる。ヘビは鋭い牙のある口でかみつき、長い胴体で巻きつき、強力な力で締め上げて心肺停止させる。それから大口を開けてゆっくりと獲物を丸呑みする。

ヘビの顎の関節は特殊なちょうつがいでできていて、180度近く開き、人間が襲われた例もある。ペットとして飼う場合には、エサ用のネズミを与えることになる。脱走が明らかになったとき、周辺住民は騒然となった。連日大捜索が行われたが、ようとして〝足〟取りがつかめない。実際、草むらでこんなものにひょっこり出合ったら生きた心地がしないだろう。

ニシキヘビは野生では水辺を好むので、このヘビも水の匂いを頼りに（ヘビの嗅覚は極めて鋭敏である）付近の小川沿いに潜んでいるのではないか、と私は推測していたが、なんのことはない、飼い主のアパートの屋根裏に隠れているところを発見され、あえなく御用となった。

一方、ミナミジサイチョウは、中央アフリカのサバンナに生息する大型の鳥。翼や胴体は全体が黒色で、喉と目の周りだけが鮮やかな赤色をしている。もともと茨城県内のペットショップにいたものが脱走、それが1年半後に千葉県内各所で目撃され、ついに白井市で捕獲された。

飛行能力はあるものの、長距離は飛べないアフリカ原産のこの鳥が、利根川を越え、二度の日本の冬を耐え、よくぞ1年半ものあいだ生き延びていたものである。田んぼでカエルやヘビを捕まえて食べていたようだ。しばし自由の身になったとはいえ、この鳥の目に見知らぬ日本の風土はどのように映ったことだろう。

世界各地の生物が日本に存在している理由は、法律が緩和され、飼育する限りにおいては輸入が認められてきたからである。私が好きな昆虫類においても、ヘラクレスオオカブトムシのように、かつては図鑑の中でしか見ることができなかった大型美麗の甲虫類が、生きたまま手に入るようになっている。

一方、これらの外来種が野外に出てしまった場合、さまざまなかたちで在来種に影響を及ぼす可能性がある。その分、飼育環境を厳密に管理する必要がある。

実際に多摩川では、ペットが無断放流された結果、アロワナやピラニア、アリゲーターガーなどの本来日本にいるはずのない肉食魚がしばしば捕獲され、アマゾン川ならぬ〝タマゾン川〟などと呼ばれている。SDGsがめざす「自然環境のサスティナブルな利用」の責任は、こんなところでも問われているのだ。

ドクトル福岡の〝ガラパゴス航海記〟

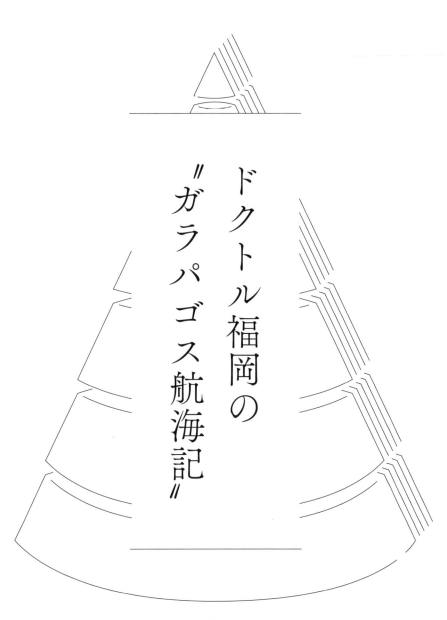

2020年の早春、まだコロナ禍が世界を覆い尽くす、そのぎりぎりの寸前に、絶海の孤島ガラパゴスを探検することができた。一生に一度でいいからガラパゴス諸島に行ってみたいというのは生物学者として長年の夢だった。

イギリスの博物学者チャールズ・ダーウィンが、1835年、艦船ビーグル号に乗って調査旅行に行き、後の進化論の着想を得た場所だからである。彼が見た光景を追体験したいと思っていたのだ。

日本からは長旅になる。南米エクアドルの洋上およそ千km、絶海の群島をめざす。

実際に上陸してみると、聞きしにまさる手つかずの大自然が待ち受けていた。溶岩流の荒々しい爪痕、砕け散る大波、巨大なゾウガメやイグアナが闊歩する不思議な生態系。文字どおり驚異と絶景の連続だった。

日本ではよく「ガラパゴス化」あるいは「ガラケー」などといって、世界の潮流から取り残されたことを揶揄する言葉があるが、本物のガラパゴスは袋小路ではなく、むしろ進化の最前線なのである。

なぜ最前線なのか。それはガラパゴス諸島が、数百万年前、海底火山の活動によって、大陸から孤立した場所に急に生成した全く新しい天地だからである。最初は水も土壌もなかった。焼けただれた溶岩が冷えると、風で運ばれた植物の種のうち、乾燥に耐えられるコケやサボテンがわずかな雨水によって生育を始めた。

その後、ここにたどり着けたものは、奇跡的な幸運に助けられたほんの一握りの生物たちだった。羽を持つ鳥、泳ぐことができるアシカやオットセイ。そして、流木や藻屑が集まってできた〝天然のいかだ〟によって流れ着いたは虫類の卵などである。

トカゲの一種、イグアナは海と陸に分かれた。海辺を選んだものは海藻を食べ、陸を選んだものはサボテンの実を食べるなどして独自のニッチ（生態的地位）を切り開き、この場所を自分のすみかとした。水を必要とする両生類や大型のほ乳動物は到達できなかった。

かくしてガラパゴス諸島は、先行者にとって天敵や競争相手のいない〝ブルーオーシャン〃となった。陸ガメは長寿を獲得し、200年以上生きる巨大なガラパゴスゾウガメとなった。

チャーターした小船に揺られながら、毎日、何もない水平線から昇る朝日を見、何もない水平線に沈む夕日を眺め、夜は満天の星を見上げた。星がありすぎて、星座がかき消されるほどだった。

テレビやラジオはもちろん、ネットも携帯電話もない。お風呂や温水シャワーもない。島はほとんどが無人の自然保護区で、野外トイレなどもない。船のトイレを使うしかないが、すべて海中放出である。こんな環境に身をおくと、いかに自分が普段都市生活に守られているか思い知らされる。

ダーウィンが見た光景をたどりながら、生命進化の来し方・行く末を考えた。一番最後に地球上に現れた我々ヒトは地球の支配者ではない。地球の資源も人間のためにあるのではない。自然といかに共存し、持続可能性を考えなければならないかを痛感させられた。

匂いの秘密

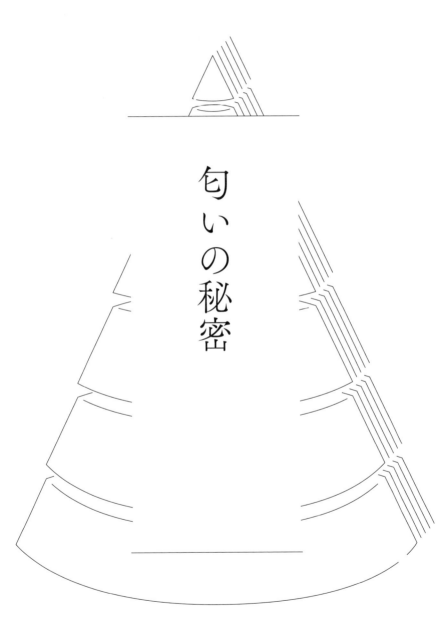

食欲の秋。栗の焦げる匂いや松茸のふくよかな香りを思い出すだけで、お腹がすいてくる。私たち現代人は、紙にせよ、電子にせよ、視覚情報優位の社会に生きている。が、生物界全体を見渡すと、嗅覚情報が優位の世界が広がっていることがわかる。そこで今回は匂いのことを考えてみたい。

『ファーブル昆虫記』に出てくる有名なエピソードに、ガのフェロモン※の話がある。フェロモンは空気中を流れる一種の匂いである。だからフェロモンの感知は嗅覚といえる。オスのガは、メスのガの発するフェロモンをずっと離れた場所からでも察知することができる。メスのガを捕らえて虫かごに入れておくと、次の日、たくさんのオスが虫かごの周りに群がっていたという。

子どもの頃に読んだこの話がことのほか印象に残っていたので、これを最近になって私が連載している新聞小説のネタに取り入れてみた。

主人公の少年はジャングルで遭難し、探検に同行していた先生と離れ離れになってしまう。途方にくれた少年はふと目の前にガが飛んでいることに気がつく。そこで少年は先生が教えてくれたフェロモンの話を思い出す。ガを道案内役にして進むうちに、なんとか先生のいる場所にたどり着くことができた。先生もこの話を思い出し、メスのガを手元に置いていたのだ。

嗅覚の仕組みは、近年の分子生物学の研究によって急速に解明されてきた。空気中に拡散する匂い物質は、鼻から吸い込まれると穴の奥の天井部分にある「嗅覚上皮細胞」という場所にたどり着く。

細胞表面には「匂いレセプター」というミクロなアンテナが多数立ち並んでいて、匂い物質を捕捉する。すると信号が神経を伝わって脳に達し、匂いが感知される。人間にはこの匂いレセプターが400種近くも用意されていることがわかった。

ただし、これは単に400種の匂いが識別できるということではない。匂い物質とレセプターは1対1で対応しているのではなく、1つの匂い物質は、異なる親和性で複数のレセプターに結びつく。この結合の強弱のパターンを脳が解析し、匂いを識別するのである。だからレセプターの順列・組み合わせによって何万、いや何十万もの匂いが嗅ぎ分けられると推定される。

もちろんレセプターの種類が多ければ多いほど、より繊細に、感度良く匂いを識別できるはずだ。実際、いろいろな動物のレセプターの数を調べてみると、たとえば鼻がきく動物の代表者イヌはヒトの2倍、ネズミは3倍近くのレセプターが存在していることがわかった。意外なのはゾウだった。

ゾウはヒトの5倍、2,000種類近くものレセプターを持っていたのだ。ゾウの鼻は長いだけではなく、機能的にも優れているということになる。広い草原で、仲間を識別し、敵に注意を払い、食べ物のありかを探るために嗅覚が特に進化したのだと考えられるが、いったいゾウたちはどんな思いで匂いを嗅いでいるのだろう。

※ファーブルの時代には「フェロモン」という言葉はなく、1959年にドイツ人化学者ブーテナントによってガの交尾行動を誘引する物質が単離され、フェロモンと名付けられた。

謎の深海古代魚

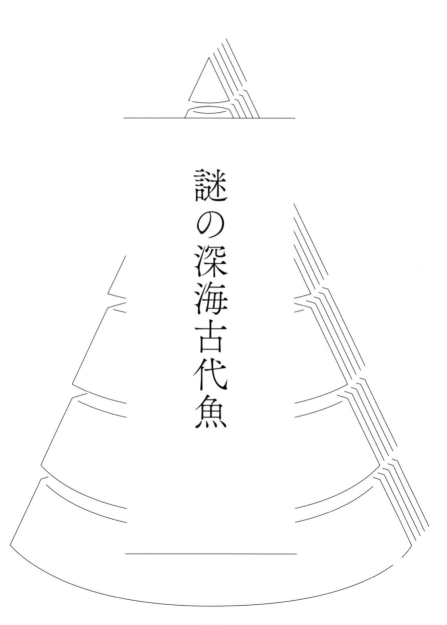

みなさんは、シーラカンスをご存じだろうか。太古の昔、地球の海をわが物顔に泳いでいた巨大な古代魚である。大きいものでは全長約6m。陸地には恐竜が闊歩していた。ところが、今から約6,550万年前、恐竜とともに一斉に姿を消した。それは、これ以降にできた地層から化石が出土しないことからいえること。

このときいったい何が起きたのか。

一番有力な仮説は、小惑星の衝突による環境の大変化だ。直径10kmほどの小惑星が宇宙から飛来し、中米のユカタン半島沖に墜落した。このときできたクレーターは直径180kmにも及び、いまでもその痕跡が残っている。

大津波と大規模な森林火災が起き、巻き上がった砂塵が大気中を覆って太陽光をさえぎった。気温が急激に下がり、植物は光合成を阻害され、枯れ始めた。植物は、プランクトンから樹木まで地球の食物連鎖の基盤である。草食の生物は食べるものを失い、草食動物をエサとしていた肉食動物も飢え果てた。生物大絶滅である。このとき、シーラカンスも恐竜も死に絶えたと考えられた。

わずかに、地面に穴を掘って難を逃れ、備蓄していた木の実や枯れ葉を食べて生き延びた小型の動物（ネズミの仲間）が、現在の私たちほ乳動物の繁栄の基礎を作ってくれた。

ところが、とうに絶滅したと考えられていたシーラカンスが20世紀になって再発見されたのだ。1938年12月、南アフリカ沖で、操業していたトロール船の網に奇怪な魚がかかった。連絡を受けたのは、当時、南アフリカのイーストロンドン博物館の学芸員だったマージョリー・ラティマー。

彼女は、魚の特徴をスケッチした手紙を、南アフリカローズ大学の古生物学専門家スミス博士に送った。スミス博士はこれが古代魚シーラカンスの生き残りだと直感した。しかし2匹目はなかなか見つからなかった。探査範囲を広げた結果、14年後の1952年、マダガスカル島沖合のコモロ群島で、ついに生きたシーラカンスが捕獲された。

世紀の発見に学界や世間は騒然となった。古代魚は環境変化の少ない深海で、ひそかに何千万年もの歳月を生き延びていたのだ。シーラカンスの学名

Latimeriaは、ラティマー女史にちなんでスミス博士が命名した。第一発見者へのリスペクトである。

このシーラカンスの標本を日本で見ることができる場所がある。静岡の沼津港深海水族館である。ここには、なんとシーラカンスのはく製3体、冷凍標本2体が展示されている。私も、実物をこの目で見る機会があり、その迫力に気《け》圧《お》された。上に書いた発見の資料や、シーラカンスのCTスキャン画像などもある。

シーラカンスは卵を胎内でかえし、幼魚に育ててから産むことも証明された。沼津沖の駿河湾は急激に深くなる海として知られている。この水族館では、駿河湾で採集された深海魚、深海ガニ、オオグソクムシ(巨大ゾウリムシ)なども展示されていて見飽きることがない。海の底はまだまだ未知のフロンティアが広がっているのだ。

〝みなしごハッチ〟の真実

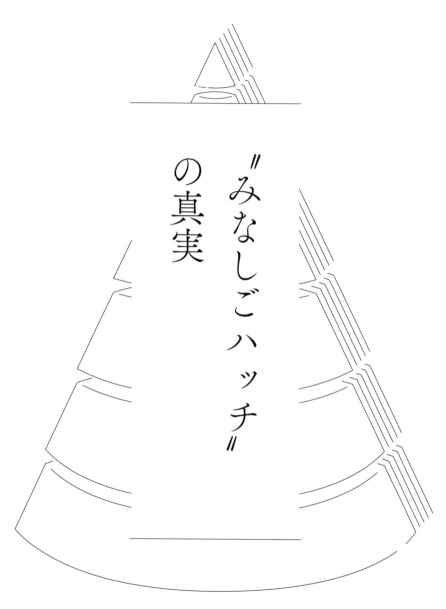

暖かくなり生物たちが活動する季節を迎えた。花に通うミツバチの姿を見て、『昆虫物語 みなしごハッチ』というテレビアニメを思い出した。

ミツバチ王国の王子・ハッチが主人公で、彼がまだ卵の頃、巣がスズメバチに襲われ、母と生き別れになってしまう。少年のハッチが母を探し、旅をするというメルヘン仕立てのファンタジーである。

子ども向けの作品なので、生物学者が目くじらを立てるのも野暮なのだが、実際のミツバチのオスの運命を思うと、あまりにも現実離れしているなあ、といまにして感じる。その生態を見ると、生物としてのオスの役割を思い知らされて、私たち男はいささかシュンとなる。

巣の中で越冬したミツバチたちは、春になると女王蜂は産卵を再開し、働きバチも活動を開始する。働きバチはすべてメスで、最初の1カ月は幼虫へのエサやりや巣の掃除など、内勤の生活となる。次の1カ月は外勤で、野原へ飛び立ち、蜜を集める。

こうして巣の中でハチの個体数が増えてくると、女王蜂の産んだ卵のうち一つが「王台」と呼ばれる特別な大型の巣穴に運ばれる。この卵から生まれた幼虫には、特別なエサが与えられる。ロイヤルゼリーである。これを食べた幼虫が次の女王蜂になる。働きバチになる卵と女王蜂になる卵は、遺伝子としては全く同一なのに、えさの違いで運命が変わる。

新しい女王蜂が誕生する前後、前代の女王蜂は働きバチのうちの半数を連れて巣をあとにし、新しいすみかへと旅に出る。これを「分蜂《ぶんぽう》」という。古い巣は、スズメバチなどの外敵の襲来にも耐えた安全な住まいなので、新たな女王にこれを譲るのである。偉いですね。

分蜂の少し前、前女王はオスになる卵を少数産む。そして時期が来ると、新しい女王蜂は孵ったオスと結婚飛行に飛び立つ。しかし、女王は同じ巣のオスとは交尾しない。違う巣の女王と違う巣のオスが交尾をする。近親婚を避けているのだ。どうして遠近を区別できるのかはわからないが、おそらく特別な匂いで嗅ぎ分けるのだろう。

つまり、オスのハチが母（女王）を訪ね歩くなんてことは現実には決して起こらない。交尾に成功したオスは、その場でお役御免、たちまち天寿を全うする。

一方、女王蜂は、その後も何度も複数のオスと交尾を繰り返し、体内に精子を溜め込む。巣に戻った女王蜂はこの精子を小出しに使いながら以降数年にわたって卵を産み続ける。だから女王が残す子孫は、複数のオス親を持つことになる。

交尾できなかったオスも当然存在する。彼らは仕方がないので巣に戻る。しかし、出戻りのオスは、働きバチからエサも満足にもらえず、邪険に扱われ、やがて巣の隅に追いやられて息絶える。生物のオスとメスの役割が如実にわかるのが、ハチの社会なのである。

オスの役割は、女王蜂の遺伝子をほかの女王蜂に手渡すこと。つまり〝遺伝子の使い走り〟なのだ。その役割を終えればすぐ死に、果たせなければ餓死する運命にある。「男よ、いばるな」ということである。

Chapter 3

DNA研究は新たなステージへ

～人類の起源を巡る旅～

遺伝子編集技術の新たなステージ

2020年のノーベル化学賞は「ゲノム編集」技術に決まった。ゲノム編集とは、生命の設計図・DNAを自由自在に書き換える夢の技術である。これまでもDNAを書き換える方法（遺伝子組み換え技術）は存在していたが、精度と効率の点で偶然に依存する部分が多かった。

ゲノムを一冊の本、DNA上の遺伝暗号を文字列とすると、これまでの方法では、何度も試行して、〝なんとかページ全体を大まかに差し替える〟のが関の山。これを〝任意のページの好きな一文字をいつでも書き換えられる〟ようにした画期的な技術が、ゲノム編集法なのである。

一番最初のきっかけをつかんだのは日本人研究者だった。ある細菌のDNAを調べたところ、不思議な繰り返し配列があることを発見した。あとになって「クリスパー」と呼ばれることになったこの配列、当時は何を意味しているか皆目わからなかった。

その後、この配列は、細菌が自分のDNAを守るために編み出した防御法、いわば免疫システムの一環であることが判明した。

細菌もウイルスに感染して病気になってしまうことがある。細菌はウイルスに感染すると、そのウイルスの遺伝子の一部をコピーして、自分のDNAに組み込んで「記憶」しておくことにした。もし、この「記憶」と同じ遺伝子がまた侵入してきたら、それを切断してしまえばよい。この記憶が「クリスパー配列」だった。このことに気づいたのは、食品会社でチーズの発酵に関わる微生物を研究していた研究者たちだった。

切断に関わる酵素は「キャス9」という。2人の女性研究者が、クリスパー配列とキャス9をゲノムの編集に利用できる、と思いついた。キャス9は、DNAをハサミのように切断する。DNAのどこを切ればよいかは、クリスパー配列を写し取った「ガイドRNA」が導く。

ガイドRNAは、言ってみれば行き先を記した切符のようなもので、人工的に作り出すことができる。クリスパー配列のかわりに、ゲノムのある場所（かりにA地点としよう）の配列を書き込んでおく。するとこのガイドRNAに導かれたキャス9は、A地点に行ってそこを切断する。切断したあと別の配列を挿入することも可能だ。かくしてDNAの任意の場所を「編集」することができるようになった。

まさに画期的な技術である。これを使えば、重い遺伝病を治療したり、あるいは農作物の品種改良を促進できるだろう。一方、安全性について十分な検証を行わなくてはならないし、適用範囲については生命倫理の問題も関わってくる。

どんな研究にもその裏には膨大な数の研究者の血と汗の軌跡がある。しかし、ノーベル賞選考委員会は、ゲノム編集を最後に完成させた2人の女性研究者、シャルパンティエとダウドナだけを受賞者に選んだ。ノーベル賞の光と影である。私は、大学の講義でこの話をするとき、研究に携わったすべての研究者の名前を列挙するようにしている。ローマは一日にしてならず、だから。

ノーベル賞に込められたメッセージ

秋はノーベル賞の季節。2021年、科学三賞は、10月4日から6日に掛けて医学生理学賞、物理学賞、化学賞の順で発表された。

私は、ここ数年、新聞社の求めに応じて、解説記事を書くことにしている。発表は日本時間の夕方6時半すぎ。スウェーデンの発表会場の様子は、インターネットでリアルタイムに中継される。コンピュータの画面にかじりつく。

時間になると、部屋にしずしずと選考委員が入場してくる。着席して咳払いをしてからおもむろに話し始める。最初に、スウェーデン語、ついで英語で。名前を聞き漏らさぬよう、固唾《かたず》をのんで聞き耳を立てる。

そのあと、翌日の朝刊に間に合わせるために急いで原稿を作らなくてはならない。2021年は、物理学賞で、地球温暖化の気象モデルを作った真鍋淑郎博士が選ばれたので、特に大忙しとなった。

さて、今回は〝世界で最も権威ある賞〟、ノーベル賞について、あらためて概観してみよう。

ノーベル賞は、19世紀末、アルフレッド・ノーベルの遺言によって創設された。

ノーベルは、爆薬ダイナマイトを発明した技術者。爆発物としてのニトログリセリンは19世紀中期に発見されたが、液体のため取り扱いが難しく、たいへん危険だった。ノーベルはニトログリセリンを珪藻土《けいそうど》に染み込ませて安定化し、安全な起爆装置として雷管（発火剤）を付けた。

ダイナマイトは、トンネルや運河の掘削に大いに利用された。同時に武器へと多用され、戦争を激化させることになる。ノーベルは、巨万の富を手にする一方で、〝死の商人〟の称号をも授かることになった。

おそらく、このことが彼に贖罪の意識をもたらしたのであろう。自分の遺産を使って「基金を設立し、その毎年の利子について、前年に人類のために最大たる貢献をした人々に分配されるものとする」との遺言を残した。これがノーベル賞である。彼の死後、1901年に第1回目が授与され、以降、120年余の伝統を誇ることになる。

賞金の額が大きいことでも有名だ。1，000万クローナは、日本円でおよそ1億3，000万円（2021年当時）。これもノーベルの遺産が巨額だから可能なことだった。ただし、ノーベル財団は、金は出すが口は出さない。賞の選考は、専門家による委員会の秘密会議に委ねられる。これが同賞の公平さを担保している。

ノーベル賞には、その時代時代を映すメッセージが含まれているように私には思える。それは平和賞や文学賞に顕著だが、科学系の三賞にも見てとれる。

SDGsとカーボンニュートラルが世界的な政策目標となる今日、その基礎を作った真鍋氏らが顕彰されたことが一つ。もう一つは、触れ合うことが遠ざけられるパンデミック禍のいま、あえて触覚のメカニズム解明に光をあてた医学生理学賞のことである。こうしたメッセージ性にも、ノーベル賞が人々に支持される理由があるのだ。

発想のありか

アカムシ、という虫をご存じだろうか。体長1㎝たらず。節のある棒状の姿をしていて、その名のとおり真っ赤。溝や用水路（といっても都会ではほとんど見当たらないが）などに群生し、水中でゆらゆらと揺れている。

これはボウフラの一種で、まもなくユスリカという蚊になる。蚊とはいえ、ヒトを刺すことはなく、河原などに集まって〝蚊柱〟を作る。蚊柱は交尾のための寄り合いで、ユスリカは産卵を終えると、数日のうちに短い命を終える。

このアカムシが、実は生物学の進歩に大きく役立った。アカムシはユスリカになる前、小さな蛹になるのだが、蛹になる直前のアカムシを、顕微鏡で覗きながらピンセットで解剖する。頭部を外すと、その下に透明な袋状のものがくっついて出てくる。これは「唾液腺」と呼ばれる器官。蛹の殻を作る材料を作り出すため、唾液腺が大きくなっているのだ。

唾液腺を今度は、さらに高倍率の顕微鏡で観察すると、実に見事なまだら模様をした紐のようなものを見ることができる。まだらはまるでバーコードサインのように、濃淡の筋が交互に並んでいる。DNAそのものである。

普通の細胞の中にもＤＮＡは存在しているが、透明な極小の糸で、高倍率の顕微鏡で見てもはっきりとは見えない。ところがアカムシの唾液腺のＤＮＡだけは、くっきり、はっきりと観察することができる。

一本一本は透明な極小の糸であるＤＮＡが、まるでお蕎麦を打つときのように、きちんとその位置を保ったまま、１，０００本以上も整列して太い隊列を形成しているからである。

こんな不思議な状態を作り出すのは、アカムシのほか、わずかな昆虫類だけなのだが、普段は見えないはずのＤＮＡが可視化できるというのは、たいへん驚くべきことであり、同時に、生物学にとってこの上なく便利な研究対象となった。というのも、バーコード様に見える濃淡は、そのままＤＮＡの上に並ぶ遺伝子のスイッチが、オン・オフされている状態と対応していたからだ。

遺伝子の位置と働きを関連付けられるということは、遺伝子の地図が描けることにつながる。これが結局、現在、私たちが手にした全ＤＮＡのデータベース、すなわちゲノム情報の解析へと繫がっていったのだ。

アカムシを解剖して顕微鏡で見てみようなどとは、ちょっとやそっとでは出てこない発想だが、何事も丹念に調べてみるものである。100年程前、ある研究者が偶然発見した。きっと彼は飛び上がって喜んだことだろう。

さて、このアカムシ。もう一つ極めて有効な用途がある。釣りの餌として抜群の効力を発揮するのである。赤いので水中でも目立つことと、ゆらゆらと揺れるところが魚の食欲を猛然と刺激するのだろう。小さな釣り針にちょいとひっかけて湖水に投じると、きらきらとしたワカサギが面白いほど次々と釣れてくる。これまた最初に発想した人の慧眼に感服するところである。

ノーベル賞予想はずれる

秋はノーベル賞発表の季節。先ほども触れたが、ここ毎年、私はその解説記事を作る仕事を新聞社から依頼されている。ノーベル賞の発表は日本時間で夕方6時半頃。翌日の朝刊に間に合わせるには、猶予は2時間足らず。なので、いつも私はネットで配信されるノーベル賞発表会場からの生中継に釘付けとなる。

2022年は、新型コロナウイルスのmRNA（メッセンジャーリボ核酸）ワクチンの開発に貢献したカタリン・カリコ博士が受賞する、という可能性に賭けていた。

カリコ博士はハンガリーに生まれ育ち、学問の道に進んだが、政情の不安定さから研究を続けられなくなり、米国に逃れた。しかし新天地でも、なかなか良い研究職が得られず、研究費にも苦労した。そんななか、あまり人々が注目しないmRNAを使って、ワクチンを作る可能性を探った。ワクチンの主体はタンパク質製だったから、ほとんどの研究者は彼女の研究テーマに関心を払わなかった。

それが、新型コロナウイルスのパンデミックによって事態は一変した。ウイルスのタンパク質を培養法で生産し、それを精製してワクチンを作る従来の方法では、何年掛かるかもわからない。安全性テストにも時間を要する。

ところが、カリコ博士が開発していた方法を利用すれば、ワープスピードで、ワクチンの製造ができる。mRNAは、タンパク質の設計図であり、タンパク質よりもずっと簡便に、試験管の中で合成することができるからだ。結果的に、これが世界を救うことになった。

さて、肝心の発表は……、残念ながらカリコ博士ではなかった。これは後付けの言い訳になるのだが、ノーベル賞委員会は慎重である。mRNAワクチンの用途がもっと広がり、安全性が確立されるのを待つということだろう。

2022年のノーベル医学生理学賞に輝いたのは、スベンテ・ペーボ博士である。彼は〝古代ゲノム学〟という新しい学問分野を切り開いた。

化石の骨やミイラから、ごくわずかな遺伝子の遺留物を注意深く取り出す。それは長い年月を経て、酸化したり、断片化したりしているのだが、遺伝情報を丹念に読み取って再構成する。微生物など環境からの混入にも気を付けなければならない。

かくして彼は数万年前のネアンデルタール人の化石骨から、ゲノムを読み取って、現代人、すなわちホモ・サピエンスのゲノムと比較してみた。驚くべきことがわかった。従来、ネアンデルタール人は現代人の祖先だと考えられていたのに対し、DNAを調べてみると別人種であることが判明したのだ。

それは全く異なった種ではなく、わずかながらゲノムを共有していた。つまり、ネアンデルタール人と現代人は、別々のヒト種として異なる道に進化しようとしていたのだが、その分岐はまだ完全ではなく、一部で交流があったということである。人類史にゲノムのレベルから新しい光をあてた。ノーベル賞にふさわしい業績である。私は慌てながらも解説記事を急いで書き上げた。

細胞に学ぶ人生の意味

「創発」という言葉がある。「全体は部分の総和以上のもの」という意味である。要素を個別に観測するだけでは検出できない性質が、要素が集合して全体となったとき、新しい特性として突如表出すること。それが創発である。

生命現象は、創発のかたまりだ。個々の細胞はそれぞれ、分解と合成、酸化と還元、吸収と排出を粛々と行っているにすぎない。がしかし、ひとたび細胞が集合すると、とたんに特異的な形態や運動が生まれる。

しかも、ここにあるのは動的な創発である。もとは同じ細胞だったにも関わらず、細胞が作り出す創発は、文字どおり独創的で、2つとして同じものはない。同じことは二度と起こらない。

なぜこのような創発が生まれるのか。それは次のような細胞現象を観察するとおのずと見えてくる。

私たちのような多細胞生物は、たった1つの細胞から出発する。精子と卵子が合体してできた受精卵細胞である。受精卵細胞は分裂によって2細胞となり、DNAをはじめ、ミトコンドリアなど、すべての細胞内小器官がコピーされ、

2つの細胞へ均等に分配される。分裂は繰り返され、細胞数は倍々に増えていく。4、8、16、32……。これが10回繰り返されると、細胞は2の十乗、1024個になる。

この時点では、それぞれの細胞に差異や個性はない。形態も内容も同じだ。細胞はこれから何にでもなりうるけれども、まだ何にもなりえず、自分の未来も見定められない、完全な未分化状態にある。

それぞれの細胞が持つDNAにも、その細胞が将来何になるのか、指令が書かれているわけではない。DNAには細胞で使われるタンパク質の設計図が書き込まれているだけで、未来や運命が記されているわけではない。

しかし、この時点で、細胞たちは極めて重要なことを行っている。顕微鏡で観察すると、細胞のかたまり(初期胚)は互いに密着し、たえず細かく震えながら、おしくらまんじゅうをしているように見える。実は、細胞たちは、互いに自分のまわりの〝空気を読んでいる〟のである。この例えが細胞を擬人化し過ぎているとすれば、細胞間で交信している、と言い換えてもよい。

各細胞は細胞膜という薄いシートに包まれている。シートの表面には、微小な突起物が多数生えていて、前後左右上下の細胞同士で、突起物が結合したり反発したりする。この〝会話〟が細胞内に伝えられ、その結果、それぞれの細胞の設計図において、どの部品が使われるべきなのかが選択される。

こうして細胞の個性が決められていく。細胞の運命は、細胞内にあらかじめ宿っているわけではなく、細胞と細胞の相互作用によって初めて決定される。つまり、生命の創発は、要素の中にあるのではなく、要素と要素の〝あいだ〟から生み出されているのである。これは私たちの人生にも似ている。「自分が何者であるか」の答えは、自分の中ではなく、他者との関係性にこそあるのだ。

Chapter 4

フクオカ少年と未知の世界への扉

顕微鏡の先に広がる新しい世界

子ども時代、私は内向的で孤独な少年だった。いつもうつむいていたせいか、落ち葉や朽木に潜んでいるカミキリムシやハンミョウが目に留まり、その美しさに心を奪われた。つまり虫好きになった。虫が友だちで、人間の友だちがいなかった。

そんな我が子を心配したのか、あるとき母が顕微鏡を買ってくれた。こういう道具を使って、友だちを家に呼んだり、仲間を作ったりしなさい、という心遣いだった（と思う）。顕微鏡といってもそんなにすごいものではない。百貨店の上のほうの階で売っていた安物である。

さっそく、私はその顕微鏡で蝶の翅を観察した。蝶の翅の色は絵の具のような顔料で塗られているのではなく、モザイクタイルのような、鱗粉という小片が、一枚一枚敷き詰められてできている。私は息を呑んだ。そしてレンズの奥に広がる小宇宙に吸い込まれた。友だちなんかいらない。私はますます孤独な求道者となった。

さて、このような普通の顕微鏡、つまり理科室にあるような顕微鏡は、複数のレンズを組み合わせることによって光を屈折させ、数十倍から数百倍の倍率を実現している。なので光学顕微鏡と呼ばれる。

光学顕微鏡を使えば、動植物の細胞を見ることができる。動物の場合は、ミクロなぶどうの房のように、植物の場合は、並んだ小部屋のように見える。

17世紀、初めて細胞を観察した英国の科学者ロバート・フックは、これをセルと呼んだ。セルとはまさに小部屋のことである。高性能の顕微鏡を使えばおよそ1,000倍の倍率に達し、そうすると細菌くらいは見えるようになる。動植物の細胞をサッカーボールとすれば、細菌はパチンコ玉くらいの大きさ。

17世紀の同じ頃、オランダのデルフトという小都市にアントニ・レーウェンフックという人物が住んでいた。彼は独自の顕微鏡を手作りした。原理は光学顕微鏡と同じだが、かたちは全く違う。金属でできた靴べらか工作具のような外観。そこに磨き抜かれたレンズがはめ込まれていた。

レーウェンフックはこの顕微鏡で、水中の微生物や、血液を流れる血球、あるいは精子などを観察した。どれも生物学史上に残る大きな発見である。しかし、レーウェンフックは大学の先生でもなければ、専門の学者でもなかった。学歴もなかった。ただただ好奇心に突き動かされて夥《おびただ》しい数の観察ノートをつけた。それが現在まで残っており、彼の存在は生物学史に輝いているのだ。

最初は、どういうきっかけがあったのだろう。いまとなっては定かでないが、きっと自然の細部に興味を持つような少年時代を送ったに違いない。私はそんなレーウェンフックにあこがれて生物学の道に進んだ。

レーウェンフックが生まれた年、1632年、同じデルフトの、ごく近所にもう一人男の子が生まれた。名画『真珠の耳飾りの少女』を描いたヨハネス・フェルメールである。後に、私はフェルメールにも惹かれるようになった。顕微鏡のレンズはまさに未知の世界への扉だった。

科学を推し進めた、偉大なる〝素人力〟

前回触れた、17世紀オランダの科学者、アントニ・レーウェンフックは、私のロールモデル。ロールモデルとは、そんな風になれたらいいな、という人生の目標たる人物という意味である。

レーウェンフックの顕微鏡は、自分で工夫しながらレンズを磨き、これまた自分で加工した2枚の金属板の間にはめ込んで、角度や高さ、フォーカスを調節するネジや試料台を取り付けた。

いま、私たちが知っている顕微鏡とは似ても似つかない形状だが、性能は抜群だった。レンズの拡大倍率は300倍近く。これは現在、私たちの使う研究用の顕微鏡にも匹敵する。こんなにすごい倍率が実現できたのは、レーウェンフックが器用な手作業によって、レンズを完璧な精度の球形に磨き抜いていたからだった。

とはいえ、とても小さなレンズ（ゴマ粒くらい）だったから、視野も狭く、歪みもあった。けれどその倍率があれば、肉眼では見えないものが次々と見えた。

彼は、水中の微生物や血球、精子などを発見した。これは生物学史上の大発見である。専門の科学者でもなく、学歴もなく、もちろん専門のレンズ職人でもなかった彼が、どうしてこんな高度なレンズを作れたのか、それはいまとなっては全くわからない。

毛織物商の家に生まれ、おそらく家業を継いでいたから、すべては趣味として行われていたものと思われる。いわば、アマチュア研究者。ここがポイントだった。小学生の頃、私はたまたま本でレーウェンフックのことを知り、このことにいたく感激した。自分もこんな風になりたいと思ったのだった。それが私のロールモデル、という意味である。

考えてみると、科学的発見に重要な寄与をしたアマチュア研究者はたくさん存在する。特に自然科学の分野ではそうである。専門家や偉い大学の先生は、象牙の塔に閉じこもってあまり外には出ない。かわりにフィールドに出て、本当の自然と直に対話しているのはアマチュアである。注意深い観察と、粘り強い継続と、幾度とない落胆を繰り返しながら、それでも彼らは取り組みを諦めなかった。

ハブが潜む沖縄北部のヤンバルの密林の中から、日本最大の甲虫ヤンバルテナガコガネを発見したのも、寒空の下、一晩中天体を観測し、突如現れたイケヤ・セキ彗星を発見したのも、あるいは常磐地方の地層を丹念にしらべて日本最大の海竜フタバスズキリュウのほぼ完全な化石を発見したのも、全部、アマチュア研究者たちの執念のたまものだった。

アマチュアとは、フランス語でアマン（愛人）と同じ語源を持つ言葉。つまり何かを心の底から愛して、それを一生、愛し続ける人のことである。

〝科学で糧を得る〟その遠く長い道のり

顕微鏡の始祖レーウェンフックのような、アマチュア研究者にあこがれたものの、その道を邁進するためには、日々暮らしていくために何か本業がいる。

それがうまく思い浮かべられなかった私は、いっそのこと専門の研究者を目指すことにした。ところが理系の研究者になるための道は険しく、長い時間がかかることまではよく自覚できていなかった。でもいったん走り始めてしまったものは仕方がない。まずは大学の理系学部になんとか入った。私は、早く親元を離れて自由な一人暮らしがしてみたかったので、東京から遠く離れた京都の大学を選んだ。

最初の2年間は一般教養科目が主体、後半の2年間は、専門分野の勉強と実験実習がある。ネズミを解剖したり、アミノ酸を分析したり、微生物を培養したりした。

でもこれはほんの入り口の入り口。研究と呼べるものでは全然なく、結果や答えがわかっている理科の実験の延長にすぎない。

大学の理系学部を卒業後、そのあと大学院に進学してようやく研究者としてのトレーニングが始まる。教授から課題を与えられ、自分であれこれ試行錯誤しながら、未知の問題に取り組んでいく。このとき私が取り組んだのは、食べものを食べたとき、どのようにして消化管がその成分を認識して、適切な消化酵素を分泌するのか、その仕組みを解明しようとした。消化管も皮膚の延長なので、環境からの情報をキャッチするさまざまな「腸内感覚」があるのだ。

大学院の研究生活は最低でも5年間は掛かる。晴れて大学院を卒業し、博士論文を提出すると審査の上、博士号がもらえる。昔は「末は博士か大臣か」といわれたものだが、いまではすっかりその株の価値は下がっている。

そして理系の博士号の資格は、いわば研究者としての運転免許証みたいなものにすぎない。全然偉くもないし、それだけでは食えない。ようやく路上（研究社会）には出たものの、運転はまだまだおぼつかないし、あぶなっかしい。そこで、さらに独り立ちのための研究修業が数年間続く。

これは一般に〝ポスドク（ポスト・ドクトラルフェロー）〟期間と呼ばれる。ポスドクは博士研究員。聞こえはいいが、大きな研究室に所属して、現場で下積み生活を経験する、というもの。

1980年代後半には、日本でポスドクを受け入れてくれる大学や研究施設はほとんどなかった。私は、海外に応募の手紙をたくさん書いた。そして、たまたま拾ってくれたのが、ニューヨークのロックフェラー大学だった。

花のニューヨーク生活といえば聞こえがいいが、私は、安い給料で、朝から晩までこき使われた。自由の女神を見に行く暇もなかった。しかし、いまにして思えば、なんの雑用もなく、自分の好きな研究に、好きなだけ打ち込める、という意味で人生最良の一時期でもあったのだった。

古書街の思い出

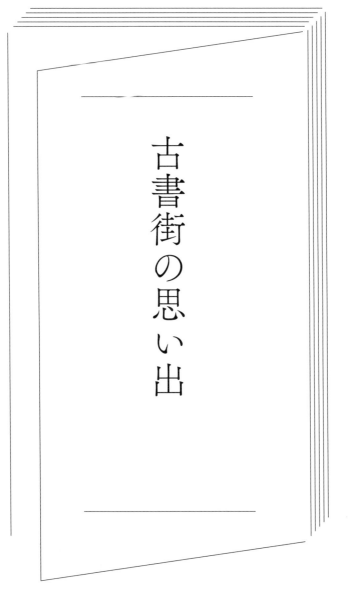

気持ちのよい澄んだ青空が高く広がったある日、東京の神田駿河台を散策する機会があった。

近頃はあまりそんな言葉を口にする人も少なくなったかもしれないが、大学が集うこの区域は、かつて〝日本のカルチェラタン〟と呼ばれたこともあった場所。

カルチェラタンとはフランス語で「ラテン語地区」という意味である。もともとは、セーヌ川左岸のパリ五区から六区の地区を指してそう呼ばれていた。

ここには、欧州最古の大学の一つ、旧パリ大学をはじめ、高等教育機関が集まっている、いわゆる学生街だ。中世以降、そこにヨーロッパ中から学者や学生が集ってきた。彼らは異なる母国語を持っていたから、共通の言語としてラテン語を駆使して意思疎通をした。だから「ラテン語地区」なのである。1960年代後期、世界的に学生運動が勃興したときも、この地区が発火点となった。体制に反発する学生たちは、石畳の敷石を剥がして投げ、怒りをあらわにした。

当時、同じことが駿河台でも起きた。とはいえ、当時、私はまだ10歳だったから、優秀なはずの学生たちがなぜそんなにも怒っているのかよくわからなかった。ただ、世の中全体が騒然としていたことだけが記憶に残っている。

その頃の私が駿河台を知っていた理由はただ一つ、古本屋で図鑑を探すためだった。少年の私は、虫に夢中だった。

あるとき図書館で『世界の蝶』という豪華本の存在を知った。全ページカラー印刷で、美麗なトリバネアゲハや青く輝くモルフォチョウが網羅されていた。ページをめくるたびに、くらくらとした。世の中にはこんな素晴らしい図鑑があるのだ。背表紙には「禁帯出」のシールが貼ってあり、借り出すことができなかった。

私はこの本をどうしても自分のものとして所有したくなった。調べると、本はすでに絶版となっており、思い余って著者に手紙まで書いた。親切な返信があり「自分の手元にも余分はないので、駿河台の古本屋にでも行って探してみてください」とあった。そこから私の駿河台探検が始まった。

星の数ほども本屋さんが軒を並べ、しかもそれぞれに特色がある。文学系、哲学系、芸術系、山の本、歴史の本……。あるとき私は、とうとう『世界の蝶』を見つけた。おそるおそる裏表紙を開いて値札を見て驚いた。プレミアがついて、到底小学生の小遣いで買える価格ではなかった。

そんな昔のことを思い出しながら、駿河台下から神保町を歩いてみた。時代の趨勢《すうせい》でお店の数は減ってきたとはいえ、古本屋街はいまも元気だ。どの店にもお客さんがいて一心にページをめくっている。どんなにネットが隆盛しても読書が廃れることはない。

面白いことに、古本屋街のもう一つの名物は、カレー屋さんと渋い喫茶店が多いこと。私も馴染みのお店に行ってカツカレーを食べ、古い食器でコーヒーを飲んで一服した。ちなみに『世界の蝶』は、ずっと後になってから大人買いをして、いまも私の大切な宝物となっている。

福岡伸一版『新ドリトル先生』⁉

子どもの頃、熱心に愛読していた児童文学に「ドリトル先生物語」がある。ドリトル先生は、ちょっと太っちょの英国紳士。いつもきちんとした身なりでシルクハットをかぶっている。でも、あまりお金や物事に頓着しない、おおらかで、どちらかというと脱力系の好人物。もともとは真面目なお医者さんだったが、めんどうな人間の相手をするのがいやになって、動物のお医者さんになる。

そのうち、動物にもそれぞれ独自の言葉があることに気付く。それを一生懸命、勉強し、鳥や動物たちとコミュニケーションができるようになる。架空の町・パドルビーの郊外の高台にある一軒家に、物知りのオウム・ポリネシア、賢い犬のジップ、家政婦がわりのアヒルのダブダブ、食いしん坊のブタ・ガブガブたちと楽しい暮らしを送っている。

世界中から、ドリトル先生の名医ぶりを聞きつけた動物たちが、パドルビーを訪問するようになる。そこに、たまたま街の路地でドリトル先生と出会った、少年トーマス・スタビンズが登場する。スタビンズくんは、家が貧しくて学校に行っていなかったが、ドリトル先生に頼んで弟子入りし、動物たちのお世話をするかわりに、読み書きを習う。そのうち、ドリトル先生の記録係となって、冒険の旅に出掛ける……。2人はとうとう月世界旅行にまで行ってしまうのだ。

この奇想天外な物語を本当にワクワクしながら読んだ。第一の魅力は、ドリトル先生がとても公平で優しく、また、どんな問題も解決してくれる人物であること。第二には、そんな人物を先生にすることができたスタビンズくんにたちまち感情移入してしまうことである。スタビンズくんの目を通して先生の言葉や事蹟《じせき》が語られると、俄然、物語が生き生きとしてくる。読者は、ドリトル先生にあこがれるとともに、スタビンズくんの幸運さにもあこがれるのだ。

子どもは、家では親から、学校では教師から命令や叱責を受ける。つまり、いつも垂直の抑圧環境にいるわけだが、ドリトル先生の世界では、スタビンズくんは先生と斜めの関係にある。先生はスタビンズくんを子ども扱いせず、命令や叱責もしない。対等の人間として公平に扱ってくれる。その返報として、スタビンズくんも先生を純粋に尊敬する。これは子どもが出会うべき理想の大人像なのである。

さて、なぜ、こんな昔話をしたかというと、先ごろ急にあるアイデアを思いついたからである。ドリトル先生とスタビンズくん、という構図を借用すれば、新しい物語が書けるかもしれない、という着想である。私はこれまで生命に関するノンフィクションを多数書いてきたが、フィクションでしか書けないこともあると常々感じてきた。でも、それをどういう風に書けばよいかがわからなかったのだ。幸いなことに、著者ヒュー・ロフティングの没後70年が経過し、オリジナルは著作権フリーの状態となった。そこで『福岡伸一の新ドリトル先生物語』というものに挑戦し、生命と自然と人間の問題を小説のかたちで考えてみたいと思うのである。乞うご期待。

光の画家・フェルメールとの出会い

17世紀の天才画家ヨハネス・フェルメールの作品に実際に出会ったのは、20代の後半、分子生物学者になるための研究修業で、ニューヨークにあるロックフェラー大学というところに留学したときだった。

この大学は、かつてはロックフェラー医学研究所と呼ばれており、日本の偉人伝ではおなじみの医学者・野口英世が、20世紀初頭に在籍していた場所でもある。実験室にこもって研究に明け暮れる毎日、精神的な余裕も、経済的な余裕もなく、花のニューヨークに住んでいるにもかかわらず、大学と安アパートを往復するだけの日々。

唯一の楽しみは、碁盤目状に広がるニューヨークのアベニューとストリートをちょうどあみだくじを選ぶように違う順路で歩くことだった。どの街角も同じようでいて2つとして同じでなく、間口の狭い店舗が並んでいた。小さな書店やレコード店、何やら古道具を詰め込んだアンティークの店などがあり飽きなかった。

そんなある日のこと、70番街界隈を歩いていると、そこには白亜の低層の建物が鎮座していた。高層ビルが立ち並ぶマンハッタン、この場所だけがぽっかりと空が空いていた。大富豪の邸宅かと思って近づいてみると、それは確かにかつて大富豪の邸宅であり、いまでは個人美術館となっているフリック・コレクションという建物だった。たまたま時間があったので、おそるおそる入館してみることにした。

中に入ると、喧騒のニューヨークとは別世界の静謐な空間が広がっていた。大理石の階段、邸宅の内部に作られた庭園と噴水。それを取り囲むように回廊と部屋があり、そこに絵画がさりげなく飾られていた。その中にフェルメール作品があった。しかも3点も！「兵士と笑う女」、「稽古の中断」、「女と召使い」である。吸い込まれるようにたちまち魅了されてしまった。

フェルメールの絵はどれも思っていたよりもずっと小ぶりだった。それでいて光の粒だちにあふれ、日常のさりげない人々の一瞬が写し取られていた。そこにはまるで写真で撮影したかのような公平な明暗の移ろいと、正確な空間の奥行きがあった。

私は思った。フェルメールは写真技術がまだなかった時代に〝フォトグラファー〟を目指した、そんな画家だったのではないだろうか、と。

すっかりフェルメールに魅了された私は、以来、世界中を回り、フェルメール巡礼を始めることになった。現存するフェルメール作品は37点（研究者によって見解が異なる）、それを全点踏破したいと思ったのだ。実際、私は長い年月をかけて、盗難され行方不明となった1点を除き、すべてのフェルメールをその所蔵美術館で鑑賞するという夢を果たした。

さて、耳寄りなニュースを得た。2021年の後半から来年にかけて、ニューヨークのメトロポリタン美術館が所蔵するフェルメール作品を含む展覧会が、大阪と東京で開催されるという。フェルメールとの再会がいまから楽しみである。

未来の〝センス・オブ・ワンダー〟

現代の少年少女たちが、携帯端末を手にSNSやゲームに夢中になっているのを見ると、もしこんなテクノロジーがなかったとしたら、彼ら彼女らはいったいどうやって日々を過ごしていただろう、とつい考えてしまう。

私自身の子ども時代のことを思えば、もちろんネットもタブレットもなかったから、おのずと身の回りの自然に目がいった。私はどちらかといえば、うつむきがちで内向的な少年だったから、地面にある自然、つまり小さく光る昆虫に興味を持った。もし、私がもう少し顔を上げていたとしても、孤独好きの傾向は変わらなかったはずだから、今度は夜空に光る星に魅入られて天文少年になっていただろう。

環境問題に警鐘を鳴らした『沈黙の春』で有名な米国の生物学者レイチェル・カーソンに、『センス・オブ・ワンダー』というすてきな小著がある。センス・オブ・ワンダーとは〝自然の精妙さに驚く心〟のこと。五感が鋭敏な子どもたちは、たくさんの自然に触れ、そこにまず驚きを感じる。知識として自然を知ることは、感じることのずっと後に来る。まず感じることが大切だ。そう彼女は言った。

残念なことに、センス・オブ・ワンダーは、私たちが大人になるにつれ、失われていってしまう。忙しさにまぎれたり、よしなし事に振り回されるうちに忘れてしまう。できることならこの感性を生涯持ち続けていたい。そう祈って彼女は帰らぬ人となった。

実際、このセンス・オブ・ワンダーを終生大切にして、大きな発見をなした人々がいる。それはむしろ専門の学者ではなく、アマチュアの好事家といってよい。沖縄北部の山奥に隠れるように棲息していた、日本最大の甲虫ヤンバルテナガコガネを見つけたのも、天空に突然現れる新星や彗星に最初に気づくのも、そのことが好きで、ずっと好きであり続けたセンス・オブ・ワンダーの持ち主たちだった。

なかでも、私のヒーローは、鈴木直《ただし》さんである。彼は地面の虫でもなく、空の星でもなく、その中間にある崖に興味を持った化石少年である。太古の時間が封じ込められた地層からの〝かそけきメッセージ〟に目を凝らした。

福島県の山間地に通い詰め、彼が高校生だったある日、ついに巨大な骨の一部を発見した。掘り出すと全長9ｍにも及ぶ海竜だった。発見者の名をとってフタバスズキリュウと名づけられた。日本で初めて発見された、首長竜のほぼ完全な化石だった（現在、東京の国立科学博物館に展示されている）。

ひるがえって、現代の子どもたちはどうだろうか。彼ら彼女らにだってセンス・オブ・ワンダーがあるはずだ。でもその源泉は私の知っている自然とは別の世界からやってくるのだろう。若い学生と話すとそれがよくわかる。

彼ら彼女らは、新しい物語を面白がり、新しい仕組みに興味を持ち、新しい関係性を作っている。それがきっと未来の発見と発明に繋がる。期待を持って見守っていたい。

福岡伸一（ふくおか・しんいち）
1959年東京生まれ。京都大学卒。米国ハーバード大学研究員、京都大学助教授などを経て、現在、青山学院大学総合文化政策学部教授。分子生物学専攻。専門分野で論文を発表するかたわら、一般向け著作・翻訳も手がける。2007年に発表した『生物と無生物のあいだ』（講談社現代新書）は、サントリー学芸賞、および中央公論新書大賞を受賞し、88万部を超えるベストセラーとなる。他に『プリオン説はほんとうか?』（講談社ブルーバックス、講談社出版文化賞）、『ロハスの思考』（ソトコト新書）、『生命と食』（岩波ブックレット）、『できそこないの男たち』（光文社新書）、『動的平衡』（木楽舎）、『世界は分けてもわからない』（講談社現代新書）、週刊文春の連載をまとめたエッセイ集『ルリボシカミキリの青』（文藝春秋）など、著書多数。現在、ヒトがつくりかえた生命の不思議に迫る番組、NHK-BS「いのちドラマチック」に、レギュラーコメンテーターとして出演。また、生物多様性の大切さを伝えるための環境省の広報組織「地球いきもの応援団」のメンバーもつとめた。

デザイン 塚原麻衣子
DTP 株式会社 Sun Fuerza

森羅万象

我々はどこから来て、どこへ行くのか

発行日　2023年11月4日　初版第1刷発行

著者　福岡 伸一
発行者　小池 英彦
発行所　株式会社 扶桑社
〒105-8070 東京都港区芝浦1-1-1 浜松町ビルディング
電話：03-6368-8870（編集）
03-6368-8891（郵便室）
www.fusosha.co.jp

印刷・製本　タイヘイ株式会社印刷事業部

ISBN 978-4-594-09622-9